# BEI GRIN MACHT SICH IHR WISSEN BEZAHLT

- Wir veröffentlichen Ihre Hausarbeit,
  Bachelor- und Masterarbeit

- Ihr eigenes eBook und Buch -
  weltweit in allen wichtigen Shops

- Verdienen Sie an jedem Verkauf

Jetzt bei www.GRIN.com hochladen
und kostenlos publizieren

Fabian Lehmann

# Historischer Landnutzungswandel

## Auswirkungen der Landnutzung der Römer im Mittelmeerraum

GRIN Verlag

**Bibliografische Information der Deutschen Nationalbibliothek:**

Die Deutsche Bibliothek verzeichnet diese Publikation in der Deutschen National-
bibliografie; detaillierte bibliografische Daten sind im Internet über http://dnb.d-
nb.de/ abrufbar.



**Impressum:**

Copyright © 2008 GRIN Verlag, Open Publishing GmbH
Druck und Bindung: Books on Demand GmbH, Norderstedt Germany
ISBN: 978-3-640-68343-7

**Dieses Buch bei GRIN:**

http://www.grin.com/de/e-book/155607/historischer-landnutzungswandel

# Historischer Landnutzungswandel:

# Auswirkungen der Landnutzung der Römer
# im Mittelmeerraum

Fabian Lehmann

Geographische Entwicklungsforschung Afrikas

III. Semester

Seminar: Landnutzungsveränderungen

Lehrstuhl für Biogeographi

# Inhaltsverzeichnis

# 1. Einleitung

Die Entstehung des römischen Reiches wird allgemein auf das 6. vorchristliche Jahrhundert datiert. Das römische Imperium reicht zur Zeit seiner größten Ausdehnung vom Maghreb bis in den Norden der Britischen Inseln und von der Iberischen Atlantikküste bis etwa zur Ostgrenze der heutigen Türkei. Seinen Ursprung jedoch hat das Reich in der Stadt Rom. Erst im Jahr 476 n.Chr. wird der letzte Kaiser des Weströmischen Reiches abgesetzt. Die einstige europäische Großmacht wird ersetzt durch eine Vielzahl von König- und Kaisertümern, die nun um die Vorherrschaft auf dem Kontinent ringen (BRINGMANN 2002, S.122).

Mit Beginn der Eisenzeit vor etwa 2700 Jahren fingen Menschen in Europa an, statt der bisher benutzten Bronze Eisen zur Herstellung von Werkzeugen und Waffen zu verwenden. Das hatte Auswirkungen auf die Landwirtschaft, die nun der entscheidende Faktor für die Gestaltung der Landschaft durch menschlichen Einfluss werden sollte. Die römische Zivilisation nahm den Einfluss von urbanen Siedlungen auf die Gestaltung der Umwelt in den von ihnen besetzten Gebieten vorweg, die nach dem Untergang des Weströmischen Reiches erst wieder im Mittelalter von Bedeutung war (KÜSTER 1995, S.124-125). Also hatte neben der Landbewirtschaftung die städtische Kultur der Römer auch großen Anteil an dem Prozess der Gestaltung der natürlichen Umwelt. In dieser Arbeit soll dieser Prozess näher betrachtet werden. Dabei werden verschiedene Aspekte der römischen Kultur und des alltäglichen Lebens von Bedeutung sein. Als Informationsquellen sind für die Untersuchung historischer Prozesse verschiedene Forschungsrichtungen- und methoden dienlich. Neben archäologischen Ausgrabungen und der Interpretation schriftlicher Quellen werden auch biologisch-chemische Untersuchungen in heutigen Ökosystemen von Bedeutung sein.
Ziel soll es sein, einen Überblick zum Wirken einer frühen europäischen Kultur auf die sie umgebenden natürlichen Bedingungen zu geben. Dabei wird auch die Frage aufgeworfen werden, inwiefern der Umgang der Römer mit der Natur für den heutigen Charakter der Landschaft des Mittelmeerraumes von Bedeutung ist.

## 2. Der Limes, Symbol der Macht

Der Limes (siehe Abb.1) ist nicht nur die Grenze des römischen Einflussgebietes und damit Grenze der römischen Landgestaltung. Er ist vielmehr selbst eine Art der Landformung. Der damals mit Verteidigungstürmen und Kastellen bewährte Erdwall ist heute noch in bestimmten Regionen deutlich erkennbar (KÜSTER 1995, S.152-153). Um die Grenze des römischen Reiches verteidigen zu können, wurden viele Soldaten direkt dorthin verlegt. Doch auch die

Zivilbevölkerung drang bis an diese Grenzen. So entstand nördlich der Alpen eine Agglomeration von Menschen und Siedlungen. Versorgt wurden diese Menschen mit Nahrung, die zum Teil auch im inneren des Reiches produziert wurde. Um dies gewährleisten zu können, war die entsprechende Infrastruktur vonnöten. Straßen und Brücken wurden gebaut, Siedlungen entstanden, weite Flächen für die Landwirtschaft und Viehhaltung wurden von der Vegetation befreit und Rohstoffe mussten in großem Maße abgebaut werden (ebd, S.154). Die enorme militärische Stärke Roms forderte die zunehmende Ausbeutung der Ressourcen annektierter Gebiete. Dies war Voraussetzung für die Aufrechterhaltung dieser Macht.

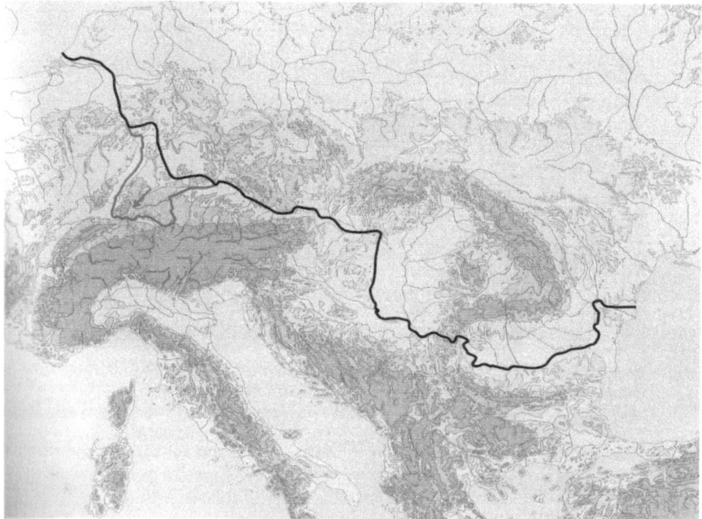

**Abb. 1: Die Nordgrenze des Römischen Reiches**

Bildkoordinaten: 5 Grad ö.L-32 Grad ö.L., 39 Grad n.B.-54 Grad n.B.

Die schwarze Linie zeigt die Grenzbefestigung etwa um das Jahr 0. Nach der Niederlage der Römer im Teutoburger Wald 9 n.Chr. bildet der Rhein die natürliche Grenze (rote Linie) (aus KÜSTER 1995, S.153).

## 3. Beeinflussung der natürlichen Bedingungen

Eine intensive Landwirtschaft war also Voraussetzung um die Bevölkerung Roms, Zivilisten und Soldaten zu versorgen. Für eine ertragreiche Landwirtschaft in trockenen Gebieten war eine funktionierende Bewässerung nötig. In Nordafrika und dem Westen der Arabischen Halbinsel, in heute vollariden Gebieten, wurden Ölbäume angepflanzt. Dafür mussten die Römer Kanäle, Dämme und Schleusen errichten und konnten so den Boden vor der Erosion bewaren.

Eine andere Form der Urbarmachung der Landschaft ist das Trockenlegen von Mooren oder Seen. In der Provinz *Pannonien*, die in etwa dem Gebiet des heutigen Ungarn entspricht, wurde der *lacus Pelsonis*, vermutlich der Balaton, durch Kanäle trockengelegt, um kultivierbares Land zu gewinnen. Die Pontinischen Sümpfe südlich des heutigen Roms waren ein weiteres Projekt, an dem sich Vertreter der römischen Geschichte wie Caesar und Kaiser Augustus versuchten. Auch die Pontinischen Sümpfe sollten kultivierbar gemacht werden. Dieses Unterfangen scheiterte allerdings und konnte nicht umgesetzt werden (BENDER 1994, S.150).

## 3.1. Landwirtschaft

Wald wurde gerodet um Ackerflächen zu erschließen (THIRGOOD 1981, S.26). Auf Grund des vorhandenen Wissens konnten die Römer bereits eine intensive Landwirtschaft betreiben. Dünger wurden eingesetzt und es gab festgelegte Zeiten des Sähens, Erntens und der Pfluganwendung. Schon seit dem 4. Jahrhundert v.Chr. bestellte man Felder nach Rotationsprinzip und Wissenschaftler verfassten Schriften zum Thema Landwirtschaft (ebd, S.28). Es gab privat organisierte Farmen und zentral organisierte staatseigene Farmen, die große Flächen einnahmen und auf denen Sklaven arbeiteten (ebd, S.29).

## 3.2. Waldrodung

Die Rodung von Wald um weiterverarbeitbares Holz zu gewinnen war eine zentrale Form der Landschaftsgstaltung. Die römische Zivilisation benötigte riesige Mengen dieser Ressource. Es war Ausgangsmaterial für Gebäude, Möbel, Werkzeug, Maschinen, Belagerungstürme, Transportmittel und Handels- beziehungsweise Kriegsschiffen (HUGHES 1994, S.7). Das Holz von Zitrusbäumen, beispielsweise aus Nordafrika, war ein wertvolles und sehr geschätztes Material für dekorative Holzzimmerdecken und Holzarbeiten in Tempeln. Ebenso wurde es für Möbel verwendet (THIRGOOD 1981, S.41).

Holz war auch das Heizmaterial, das die Öfen im Winter befeuerte und in den Schmieden das Erz schmelzen ließ. Um zu ermitteln, wie hoch der Energiebedarf in einem römischen Haus war, führte man ein Experiment in einem nachempfundenen Wohnraum von $24m^3$ durch. Um in dem Raum eine Temperatur von ca. 21 Grad Celsius über 4 Tage lang konstant zu gewährleisten, wurden 128 kg Holz und 7 kg Holzkohle benötigt. Hierbei handelt es sich nur um das Beispiel eines Wohnraumes, nicht etwa um den Energiebedarf eines Thermalbades, bei dem der Bedarf an Holz weitaus größer war (BENDER 1994, S.151). Die Stadt Rom war laut Schätzungen bereits eine Millionenstadt, dementsprechend groß waren auch die Mengen an Ressourcen wie Heizmaterial (THIRGOOD 1981, S.35).

Weil man sich der Bedeutung dieses Rohstoffes auch außerhalb des Römischen Reiches bewusst war, sollte es eine gängige Taktik werden, im Krieg die Wälder des Gegners abzubrennen, um ihn so von der Rohstoffversorgung abzuschneiden. Das römische Reich hatte viele Rivalen und Feinde, so etwa die unabhängige Kultur auf der Insel Rhodos im Südosten des heutigen Griechenlands oder die Mazedonier im heutigen Nordgriechenland, die untereinander Handelsbeziehungen unterhielten. So hatte beispielsweise Mazedonien Holz nach Rhodos exportiert, das dort für den Schiffbau verwendet werden sollte. Die Mazedonier erhofften sich durch die Stärkung der rhodesischen Flotte, der Macht Roms etwas entgegensetzen zu können. Als Mazedonien dann jedoch im Jahr 167 v. Chr. von den Römern erobert wurde, unterbanden diese den Holzexport nach Rhodos um den Ausbau der rhodesischen Flotte zu stören (THIRGOOD 1981, S.38).


Aber nicht nur als Akt der Feindseligkeit wurden Waldflächen niedergebrannt oder wie in dem Beispiel monopolisiert. Eine wachsende Bevölkerung musste versorgt werden und so wichen die Wälder zunehmend den Ackerflächen, nachdem das verwertbare Holz abtransportiert worden war. Die verbleibende Asche diente der Verbesserung der Bodenfruchtbarkeit.

Als Folge dieses enormen Holzbedarfs verschwanden weite Waldgebiete. Dort, wo vorher Bäume für die Stabilisierung des Bodens sorgten, war die Erde nun schutzlos der Erosion ausgesetzt, die fruchtbaren Boden abtrug. Das Halten von Haustieren wie Schafen und Ziegen sorgte zusätzlich dafür, dass durch Überweidung die Regeneration der Vegetation geschwächt wurde. Die verbliebene Vegetation nach dem Holzeinschlag und neue junge Triebe dienten den Herden als Nahrung (HUGHES 1994, S.7-9). Davon abgesehen war und ist für die Regenerationsfähigkeit der mediterranen Wälder das Wasser der limitierende Faktor. Die Wachstumsperiode ist kurz, die Sommer sind trocken (THIRGOOD 1981, S.20).

An Berghängen hingegen kam es infolge von Holzeinschlag zu einem erhöhten Oberflächenabfluss. Schlammlawinen konnten sich so loslösen und Siedlungen am Fuß der Berge überrollen. Durch den Holzeinschlag kam es ebenso zu einer Verringerung der Wasserrückhaltkapazität an Flussufern. Wenn es zu Überflutungen kam, war eine weitaus größere Landfläche von Überschwemmung betroffen. Der entfernte Gehölzbestand konnte die vordringenden Wassermassen nicht mehr zurückhalten. Die am Tiber gelegene Stadt Rom wurde so beispielsweise immer wieder Opfer von Überschwemmungen.

Indirekt war auch die Ausbreitung von Malaria eine weitere Folge. In den durch Überflutung entstandenen Feuchtgebieten fanden Mücken die Bedingungen für eine ideale Kinderstube vor. Auch wenn die Römer die Ursache einer Malariaerkrankung noch nicht kannten, wussten sie doch, dass die betroffenen Gebiete gemieden werden mussten.

Bereits im 4. Jahrhundert vor Christi Geburt erkannte der Grieche Theophrastus, ein Schüler Aristoteles', dass sich die großflächige Entwaldung auf das lokale Klima auswirkt. Sein Name war. Er hatte in Kreta beobachtet, dass die gerodeten Berge dem Wind schutzlos ausgeliefert waren. Ackerbau war dort auf Grund der Winderosion unmöglich geworden (ebd., S.10- 12). Welche Ausmaße die Waldrodung durch die römische Zivilisation letztendlich annahm, lässt sich schwer abschätzen. Archäologen müssen sich dabei auf schriftliche Quellen stützen, die selten genügend Informationen enthalten, um quantitative Aussagen zu tätigen. Aber gerade um Siedlungen, Flüsse oder Häfen muss die Rodung besonders stark gewesen sein (HUGHES 1994, S.9). Selbst Bergregionen wurden in Besitz genommen und genutzt. Ausgelöst durch Kriege, Invasionen und Piratenangriffe drängte es die Menschen auch in unwirtlichere Gegenden (THIRGOOD 1981, S.59).

In den Quellen lässt sich kein Anhalt dafür finden, dass die römische Zivilisation Rücksicht auf die Regenerationsfähigkeit von Wäldern nahm. Sie wurden vollständig abgeholzt, um dann entweder als Agrarfläche genutzt zu werden oder sich selbst überlassen zu sein. Ausgenommen davon waren lediglich Wälder, die auf Grund ihrer Heiligsprechung oder auf Grund der grenznahen Lage als natürlicher Schutz für die Römer von Bedeutung waren. Darauf wird im Text unter Punkt 5 noch näher eingegangen werden. Dennoch erholten sich viele Landschaftsstriche nach gewisser Zeit von ihrer Ausbeutung durch den Menschen (THIRGOOD 1981, S.46).

### 3.3. Weitere Auswirkungen auf die Vegetation

Eine Degradation der Vegetation, insbesondere die Abnahme der Biotopenzahl ist bereits auf die späte Bronzezeit (1.Jtsd. v.Chr.) datierbar. Während die Römer sich über Europa ausbreiteten, nahm die Zerstörung oder Veränderung von Ökosystemen allerdings eine bisher unerreichte Dimension an. Die Verbreitung bestimmter Pflanzenarten durch den Menschen veränderte ebenso die Vegetation. Dieser Prozess lässt sich heute mit Hilfe solcher Verfahren wie der Radiokarbonmethode auf die römische Zeit datieren. Bei diesem Verfahren wird der Zerfall des Kohlenstoffisotops bei gefundenen Objekten gemessen, womit sich das Alter des

Fundstücks einschätzen lässt. Ein weiteres Hilfsmittel zur Bestimmung historischer Vegetation ist die Pollenanalyse.

Die Edel- oder auch Esskastanie (*Castanea sativa*) ist ein Beispiel für die Verbreitung einer Pflanze durch den Menschen. Sie wurde von den Römern in Europa eingeführt (JANNSEN 1994, S.15). Andere Beispiele für die Ausbreitung von Pflanzen, die für die Römer von Interesse waren, ist die Esche wegen ihres wertvollen Holzes und der Wein, der seine Ursprünge östlich des Schwarzen Meeres hat und der nun nach Mitteleuropa gebracht wurde (LOPEZ 1994, S.32). Selbst der für Italien so charakteristische Ölbaum, wurde erst mit den Römern nach Norditalien verbracht (DRESCHER- SCHNEIDER 1994, S.46).

Neue Arten wurden aber nicht nur bewusst angebaut, sondern breiteten sich auch ungewollt in Folge von Hemerochorie, also durch den Menschen als Transporteur weiträumig aus. Dabei ist der Rhein von besonderer Bedeutung, da auf ihm nicht nur Waren transportiert wurden, sondern nebenbei auch Neophyten verschifft wurden. Die sogenannten Stromtalpflanzen siedelten sich vornehmlich an den Ufergebieten an. Ein Beispiel hierfür ist die Spitzklette (*Xanthium strumarium*), die sich im Rheintal ansiedeln konnte (KNÖRZER 1981, S.155).

Die Auflistung eingeführter Pflanzenarten oder derer, die sich durch ihre Nutzung stark verbreiten konnten, ließe sich noch erheblich ausweiten. Die hier bereits genannten Beispiele sollen an dieser Stelle aber genügen. Sie deuten auf den Zusammenhang zwischen der Ausbreitung von Neophyten in Süd- und Mitteleuropa und dem Verbreitungsgebiet der Römer.


Wo sich Neophyten ausbreiteten, wurden andere Pflanzen verdrängt. In Spanien sind während der römischen Okkupation die Bestände von Eiche und Ulme quantitativ stark zurückgegangen. Weite Teile der ursprüngliche mediterranen Vegetation sind über die Jahrhunderte einer Landschaft aus Weideland und Dickicht, der Macchia gewichen. An dieser Entwicklung hat die römische Zivilisation erheblichen Anteil, dennoch begann dieser Prozess bereits vor etwa 4500 Jahren. Das warme und trockene Klima hat diese Entwicklung unterstützt (LOPEZ 1994, S.27).


Um neben der Zivilbevölkerung  auch das Heer versorgen zu können wurde die Ausweitung der Nahrungsmittelproduktion nötig. Aus diesem Grund wurden neue Pflanzen kultiviert, wie der ertragreiche Weizen. Die Haltung von Rindern in Ställen war eine weitere Möglichkeit der Nahrungsmittelversorgung. Auf extra angelegten Wiesen in Flussniederungen wurde das nötige Heu gewonnen, um die Tiere zu versorgen. Als Schutz vor Hochwasser und Überschwemmung an Flüssen und Küsten wurden Deiche angelegt oder künstlich Land durch Grabendrainage entwässert und es entstanden sogenannte Polder (KÜSTER 1995, S.161).

## 3.4. Tagebau

Vor allem im Nordwesten und Südosten der Iberischen Halbinsel baute man Gold-, Silber- und Kupfervorkommen in großem Ausmaß ab. Die Auswirkungen noch heute sichtbar. Berge wurden auf der Suche nach Bodenschätzen ausgehöhlt. Manche stürzten dabei ein und wurden danach vollständig abgetragen (BENDER 1994, S.147).

## 4. Historische Umweltverschmutzung

Folge der intensiven Nutzung war die Degradation von landwirtschaftlich genutzten Böden die Rodung ausgedehnter Waldflächen, aber auch die Luft- und Wasserverschmutzung.
Diese Arbeit konzentriert sich auf die Beeinflussung der natürlichen Bedingungen durch die römische Zivilisation. Dabei werden nun vor allem die negativen Auswirkungen auf die Natur und somit auch auf die Lebensqualität der Menschen beschrieben. Diese Auswirkungen sollen im Folgenden nach modernem Paradigma als Verschmutzung bezeichnet werden.

## 4.1. Luftverschmutzung

Die Beeinträchtigung der Luftqualität war besonders ausgeprägt, wo ein Brennungsprozess genutzt wurde. So verursachte das Brennen von Kalk, der im Hausbau eine Rolle spielte, eine solch starke Verschmutzung durch aufsteigende Rauchschwaden, dass sich Theodosius II 419 n.Chr. genötigt sah, das Gewerbe in Konstantinopel zu verbieten (BENDER 1994, S.147). Dies verdeutlicht, dass Institutionen der Macht im Römischen Reich durchaus auf negative Aus- wirkungen der Produktion reagierten.
Ebenso kam es durch die Verarbeitung von Metallen zu Schwermetallbelastungen in der Luft. Als Konsequenz wurden diese verarbeitenden Gewerbe seither an den Rand der Stadt ge- drängt, wohl auch, um die Stadt vor möglichen Bränden zu schützen (ebd., S.147).
In Erzabbaugebieten war eine erhöhte Bleikonzentration in der Luft die Folge. Doch nicht nur dort. Die winzigen Schwebeteile konnten bei Untersuchungen von Moor- Bodenproben auch noch in Tausenden Kilometern Entfernung festgestellt werden. Die Verschmutzung der Luft mit Schwermetallen war also durchaus nicht nur ein lokales Phänomen. Dabei muss aber er- wähnt werden, dass die Konzentration von Blei in Boden, Wasser und Luft erst in späteren Jahrhunderten wirklich hohe Ausmaße erreichte. So etwa im Mittelalter, als die Metallverar- beitung eine noch viel gewichtigere Position einnahm (KEMPTER et.al., S. 372- 374).

## 4.2. Wasserverschmutzung

Nicht nur die Luft war durch Schwermetalle. Wasserleitungen innerhalb der Stadt waren aus Blei gefertigt. Das muss zu einer Verbreitung des Schwermetalls nicht nur im Körper der Menschen, sondern auch zu einem erhöhten Eintrag in die von der Stadt umgebenden Natur geführt haben. Eine weitere Art der Gewässerverschmutzung entstand durch Abwässer. Abwässer wurden über Kanäle in die Flüsse geleitet, wie in den Tiber in Norditalien. (BENDER 1994, S.148).

## 4.3. Entsorgung

Bereits im römischen Reich gab es für die Entsorgung vorgesehene Plätze. In Mainz und Köln wurden solche Plätze am Rheinufer ausfindig gemacht. Auf Grund der Nähe der Müllsammelplätze zum Flusslauf konnte es dazu kommen, dass bei Hochwasser Teile der Abfälle weggeschwemmt wurden. Die Müllsammelplätze konnte gewaltige Ausmaße erreichen. So wurde in London eine Halde gefunden, in der Tonscherben lagerten, die sich nach Berechnungen zu 40 Millionen Amphoren zusammensetzen lassen würden (BENDER 1994, S.149).

## 5. Heilige Stätten: Naturschutz durch Religion

Die Quellen lassen nicht darauf schließen, dass es im römischen Reich Ambitionen zur Bewahrung einer natürlichen Umwelt oder eine nachhaltige Ressourcennutzung gegeben hätte. Es gab aber durchaus Gebiete, die vom Menschen unangetastet bleiben sollten. Grund dafür war die religiöse Auffassung. So gab es Waldgebiete, die heilig gesprochen wurden und somit einen schützenswerten Status erhielten. Religiöse Kulte erwarben Waldland auf verehrten Anhöhen oder um Quellen. Anfangs blieben diese Wälder noch unangetastet, später wurden in ihnen aber auch Tempel errichtet. Jedoch war, sobald ein Gebiet nun einem religiösen Kult gehörte, das Schlagen von Holz verboten. Die heiligen Haine wurden von Priesterwachen beschützt. Bei Missachtung der Tabus drohte die Todesstrafe.

Die Ausmaße solcher Waldgebiete waren teilweise nicht unerheblich. Das Wäldchen von Daphne besaß einen Umfang von 16 Kilometern (THIRGOOD 1981, S.43).

# 6. Problem der Quantifizierung

Bisher wurde die Qualität der Folgen der römischen Landnutzung erläutert, ohne dabei aber die genauen  Ausmaße zu erwähnen. Um die Landnutzungsveränderung quantitativ zu erfassen stehen keine Daten zur Verfügung. Es gibt zwar historische Texte die eine Schätzung erlauben, genaues Zahlenmaterial liegt allerdings nicht vor. Dennoch lassen sich aus Bevölkerungszahlen die für den östlichen Mittelmeerraum vorhanden sind, indirekt Rückschlüsse auf die Ausmaße des menschlichen Einfluss auf die Umwelt ziehen.

Über die Hälfte des Gebietes westlich von Jerusalem war im Lauf der Geschichte von Wald befreit und kultiviert worden. In der römischen Provinz Palästina lebten im ersten Jahrhundert 5 Millionen Menschen. Um den See Tiberias im Norden Israels entstanden neun Städte, jede mit mindestens 15.000 Einwohnern. Um eine solche Anzahl von Menschen versorgen zu können, war eine intensiv betriebene Landwirtschaft Grundvoraussetzung. Dazu gehörten auch solche Techniken und Erkenntnisse wie die Notwendigkeit von Bodenpflege, Saatzuchten, Düngemitteln, Aquädukte, Maßnahmen der Bodenkonservierung, Terrassierung, rotierendem Anbau und Bewässerung (THIRGOOD 1981, S.109).

# 7. Aktuelle Bedeutung historischer Landnutzung

Die Auswirkungen der Landnutzungsveränderungen durch die Römer wirken bis haute fort.
Um das zu erläutern soll das Beispiel des zentralfranzösischen Waldes von Troncais herangezogen werden.
Die Vegetation in den Wäldern Westeuropas ist maßgeblich durch menschlichen Einfluss im 19. und frühen 20. Jahrhundert geprägt worden (DEMBRINE 2007, S.1430). Aber auch schon früher war die Landschaft vom Menschen verändert worden. In Troncais finden sich die Überreste römischer Siedlungen, die  im 1. bis 4. Jahrhundert das Bild des Ortes prägten. Bei Untersuchungen der örtlichen Bedingungen stellte man fest, dass die Biodiversität, in diesem Fall die Anzahl der Pflanzenarten, auch heute noch mit der räumlichen Nähe zum Zentrum der ehemaligen Siedlung zunimmt. Ebenso lässt sich eine Zunahme des Nitratgehaltes im Boden verzeichnen. Allerdings lässt sich das nur auf den Teil der Siedlung beziehen, in dem auch Landwirtschaft betrieben wurde (ebd. S. 1436- 1437).

An diesem Beispiel lässt sich vermitteln, wie dauerhaft anthropogene Einflüsse in einem Ökosystem nachwirken. Die Autoren dieser Studie führen diese Tatsache auf die biochemischen Kreisläufe im Ökosystem Wald zurück, in dem Nährstoffe über Jahrhunderte konserviert werden. So müsse laut den Autoren für die Erklärung natürlicher Bedingungen in einem Öko-system ein weitaus längerer Zeitraum betrachtet werden als bisher üblich (ebd. S.1438).

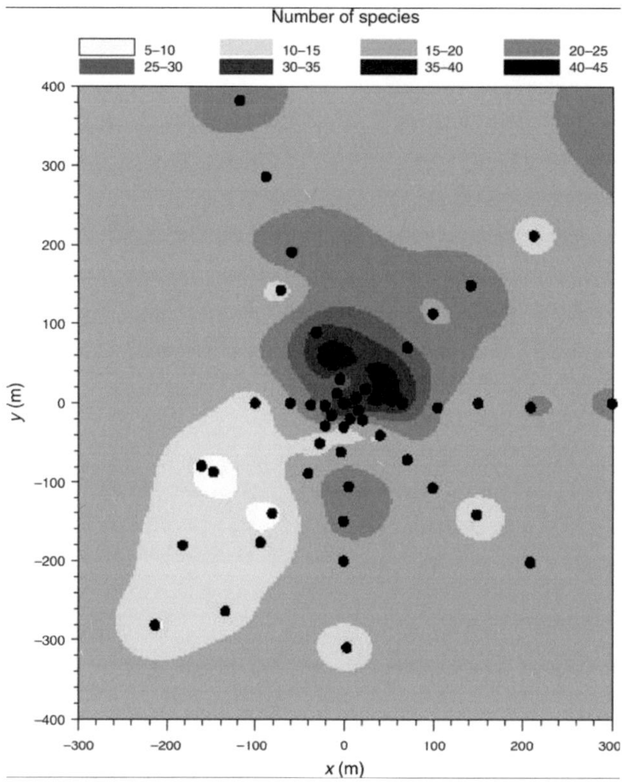


**Abb. 2: Artenvielfalt im Umkreis einer römischer Siedlung**

Die schwarzen Punkte zeigen die Stellen der entnommenen Proben. Der Punkt bei 40-45 verbirgt eine kleine Fläche mit hohem Artenaufkommen. (aus DEMBRINE et al. 2007, S. 1434)

# 8. Schlussbetrachtung

Die Einstellung der römischen Zivilisation in Bezug auf ihre Umwelt muss wie folgt beschrieben werden: Das übergeordnete Wesen Mensch formte die Natur nach seinen Vorstellungen und Bedürfnissen. Dementsprechend dienten natürliche Ressourcen nur einem Zweck: vom Menschen abgebaut und weiterverarbeitet zu werden. Die technische Umsetzbarkeit war somit auch die einzige Grenze, die im Weg stand, die Natur nach eigenem Ermessen zu formen und sie den Bedürfnissen der Römer anzupassen (THIRGOOD 1981, S.29).

Der römische Staatsmann und Philosoph Cicero (106- 43 v.Chr.) brachte diese Einstellung einmal wie folgt auf den Punkt: *„We are the absolute masters of what the earth produces. (...) We sow the seed and plant the trees. We fertilize the earth..., we stop, direct, and turn the rivers, in short by our hands we endeavour, by our various operations in the world, to make, as it were another nature ."* (THIRGOOD 1981, S.29- 30).


So groß der Einfluss der römischen Zivilisation auf die Natur auch gewesen sein mag, ist er doch in seinem Ausmaß in keiner Weise vergleichbar mit der heutigen weltweiten Nutzbarmachung der Wälder, Seen, Bodenschätze und allen anderen natürlichen Ressourcen. Selbst im Mittelalter übertraf man die Römer in dieser Hinsicht.

Somit bleibt die Idee von der Degradation der Böden und der damit verbundenen Minderung der landwirtschaftlichen Erträge nur eine Theorie für den Untergang des Römischen Reiches. Für diese gäbe es laut Thirgood nur wenig Beweise (THIRGOOD 1981, S.30).

Festzuhalten bleibt aber, dass die römische Kultur einen wesentlichen Einfluss auf die Gestaltung der Landschaft im Mittelmeerraum hatte, der sich teilweise bis heute erhalten hat. Arten wie der Ölbaum breiteten sich durch den Menschen aus, eroberten neue Habitate und sind heute ein nicht mehr wegzudenkender Teil des Ökosystems geworden. Inwiefern kann also überhaupt von einer natürlichen und ursprünglichen Umwelt gesprochen werden? Selbst in Gebieten, die etwa in den letzten zwei Jahrhunderten vor menschlichen Einflüssen geschützt waren, stellt sich also diese Frage. Bedenkt man, dass schon vor über 2000 Jahren Zivilisationen in Europa den Lauf der Geschichte bestimmten, die das Wissen und die Möglichkeiten besaßen die Landschaft nach ihren Wünschen zu formen, bleibt die Antwort auf die Frage nach der Ursprünglichkeit abhängig von der Wahl des Zeitraumes, also der Jahre die, man ansetzt, um einer Landschaft den Titel „ursprünglich" zu verleihen.

# Literaturverzeichnis


Bender, H. (1994): Historical invironmental research from the viewpoint of provincial roman archaeology. In: Frenzel, B. (Hrsg.) Evaluation of land surfaces cleared from forests in the mediterranean region during the time of the roman empire. Paläoklimaforschung 10. Mainz: Akademie der Wissenschaften und der Literatur, S.145- 155

Bottema, S. (1994): Forest, forest clearance and open land during the time of the Roman empire in Greece. In: Frenzel, B. (Hrsg.) Evaluation of land surfaces cleared from forests in the mediterranean region during the time of the roman empire. Paläoklimaforschung 10. Mainz: Akademie der Wissenschaften und der Literatur, S. 59- 72

Bringmann, K. (2002): Römische Geschichte. Von den Anfängen bis zur Spätantike. München: C. H. Beck

Dembrine et al. (2007): Present forest biodiversity patterns in France related to former roman agriculture. Ecology 88 (6), S.1420- 1439

Drescher- Schneider, R. (1994): Forest, forest clearance and open land during the time of the Roman empire in northern Italy (the botanical record). In: Frenzel, B. (Hrsg.) Evaluation of land surfaces cleared from forests in the mediterranean region during the time of the roman empire. Paläoklimaforschung 10. Mainz: Akademie der Wissenschaften und der Literatur, S.45- 58

Hughes, J.D. (1994): Forestry and forast economy in the Mediterranean region in the time of the Roman empire inn the light of historical sources. In: Frenzel, B. (Hrsg.) Evaluation of land surfaces cleared from forests in the mediterranean region during the time of the roman empire. Paläoklimaforschung 10. Mainz: Akademie der Wissenschaften und der Literatur, S.1-14

Jannsen, C. R. (1994): Palynological indicatons for the extent of thr impact of man during Roman times in the western part of the Iberian peninsula. In: Frenzel, B. (Hrsg.) Evaluation of land surfaces cleared from forests in the mediterranean region during the time of the roman empire. Paläoklimaforschung 10. Mainz: Akademie der Wissenschaften und der Literatur, S. 15- 22

Kempter, H. et al. (1997) : Ti and Pb concentrations in rainwater- fed bogs in europe as indicators of past athropogenic activities. Water Air and Soil Pollution 100 (3-4), S. 367- 377

Knörzer, K. H. (1981): Römerzeitliche Pflanzenfunde aus Xanten. Archaeo physika 11. Bonn: Habelt

Küster, H. (1995): Geschichte der Landschaft in Mitteleuropa. Von der Eisenzeit bis zur Gegenwart. München: Beck

Lopez, P. (1994): Forest, forest clearance and open land during the time of the Roman empire in spain. In: Frenzel, B. (Hrsg.) Evaluation of land surfaces cleared from forests in the mediterranean region during the time of the roman empire. Paläoklimaforschung 10. Mainz: Akademie der Wissenschaften und der Literatur, S.23- 35

Thirgood, J. V. (1981): Man and the Mediterranean Forest. A histoy of resource depletion. London: Academic Press